THE FAMOUS DESIGN

U0215585

一册在手，跟定百位顶尖设计师！家装设计的创意宝典

不可不看的家装风格大全

欧式风格

→ ming → jia → she → ji

本书编委会·编

中国林业出版社

China Forestry Publishing House

图书在版编目（ＣＩＰ）数据

名家设计样板房. 欧式风格 / 《名家设计样板房》
编写委员会编. -- 北京 : 中国林业出版社, 2014.3
　ISBN 978-7-5038-7413-0

　Ⅰ. ①名… Ⅱ. ①名… Ⅲ. ①住宅－室内装饰设计－
图集 Ⅳ. ①TU241-64

　中国版本图书馆CIP数据核字(2014)第048034号

策　　　划：金堂奖出版中心
编写成员：张寒隽　张　岩　鲁晓辰　谭金良　瞿铁奇　朱　武　谭慧敏　邓慧英
　　　　　陈　婧　张文媛　陆　露　何海珍　刘　婕　夏　雪　王　娟　黄　丽

中国林业出版社·建筑与家居出版中心
策　　　划：纪　亮
责任编辑：李丝丝
文字编辑：王思源

┈┈┈┈┈┈┈┈┈┈┈┈┈┈┈┈┈┈┈┈┈┈┈┈┈┈┈┈┈┈┈┈┈┈┈┈

出版：中国林业出版社（100009 北京西城区德内大街刘海胡同7号）
网站：http://lycb.forestry.gov.cn
E-mail：cfphz@public.bta.net.cn
印刷：北京利丰雅高长城印刷有限公司
发行：中国林业出版社
电话：（010）8322 5283
版次：2014年5月第1版
印次：2014年5月第1次
开本：1/16
印张：10
字数：100 千字
定价：39.80 元

┈┈┈┈┈┈┈┈┈┈┈┈┈┈┈┈┈┈┈┈┈┈┈┈┈┈┈┈┈┈┈┈┈┈┈┈

THE FAMOUS DESIGN

一册在手，跟定百位顶尖设计师！家装设计的创意宝典

不可不看的家装风格大全

欧式风格

ming → jia → she → ji

宁静大宅

Quite

项目名称：宁静大宅 / 项目地点：成都市新都区 / 设计公司：北京空间易想艺术设计有限公司
项目面积：2B户型595平方米、3C户型460平方米 / 主要材料：石材，壁纸，木，砖，皮革

■ 色调整体以黑白为主，配以深蓝色，局部点缀金属材质
■ 现代、简约的餐桌餐椅在沉稳的空间中突显灵动
■ 极精致现代的家具陈设，给人沉稳高雅的舒适享受

  本案运用了现代与古典的碰撞、层次丰富并且质感强烈的造型，这些造型不仅为空间划分了区域，同时又富有视觉震撼的艺术效果。时尚、前卫、个性成为本案的设计主旋律。

  色彩与材质搭配

  整体色调以黑、白色调为主，配以深蓝色，局部点缀金属材质饰品，搭配皮草面料和奢华的丝绒面料，配合金属质感的茶几，简约大气又不失精致。

  分区说明

  本案别墅建筑为三层结构。一层主要为客厅、餐厅及老人房。客厅和餐厅及敞开式西厨整体为一个空间，主题采用宁静的蓝色为基调。欧式的大型壁炉、墙面的立体雕刻书架以及橱柜等装饰都大面积采用深蓝色主题。摩登的家具配以皮质沙发，彰显主人个性。餐厅区现代简约的餐桌餐椅在沉稳的空间中突显灵动。

　　二层主要功能为主卧室、男孩房及客房。电梯厅墙面采用了巨型装饰画铺满墙面，在现代气息中点缀少许古典，突出空间的气势与文化内涵。主卧室与整体设计风格保持一致，主要强调风格前卫与品质上层。大多采用沉稳的暗色调，搭配极精致现代的家具陈设，给人沉稳高雅的舒适享受。与主卧室联通的更衣房，色彩风格亦得到了延续，同时我们用心挑选了一组精致且具有品味的饰品陈设加以点缀，为主人打造一个私密、放松的更衣环境，彰显不凡品味。

　　地下一层主要功能为娱乐室、书房及影音室。假想男主人对音乐及摄影等生活的偏爱，为了突出其个性生活，我们在配饰的选择上也努力迎合这一主题特征。书房和娱乐室通过一整面书架流畅贯通。冷暖色调的恰当融合，硬装部分透露的分明层次，以及细节突出的材质选择，形成了处处体现品味，处处皆画卷的景象，时而能感受时间静静的流淌，不难想象主人在这样的空间氛围中与来访宾客举止高雅的谈论艺术人生的情境，充分展示男主人的品位。

多情巴洛克
Passionate Baroque

项目名称：多情巴洛克 / 项目地点：成都东大街 / 主案设计：黄书恒 / 设计公司：玄武设计
项目面积：200平方米 / 主要材料：白色钢琴烤漆，大花白大理石，黑白根大理石，千层玉大理石

- 以奔放流畅的艺术风格为基底，同时借由空间概念的创新思考，提供丰富的视觉感受
- 利用镜面与金属质感材料，营造出堂皇明亮的感觉，衬托室内的简单色彩

　　素有"天府之国"美誉的成都市，在原有的富饶传统之上，更增添了对于多元思维的追求。本作品体察古典与现代交融之必然，以奔放流畅的艺术风格为基底，同时借由空间概念的创新思考，为客户提供丰富的视觉感受，亦为古老都市的景貌，添加无限想象的可能。

　　繁华的地域特性，与热情狂放的现代巴洛克风格，有异曲同工之妙，设计者渴望借由流畅的艺术线条，与富有奢华感的视觉配置，服膺高端房产之市场氛围；更重要的是，细致地体察到当今的成都市已跃上国际舞台，城市内涵转化为中西并陈的多元形貌，本作品特地导入装饰主义之元素，利用内敛的色彩运用，收束现代巴洛克的过度豪奢，在富庶之中，透露几许质朴气息。

　　原始平面设定为客厅与餐厅分隔，设计者特别打通两个空间，这个突破思维框架的做法，使得整体视觉更加开阔。同时将餐厅设置于落地窗旁，客厅可获得完整稳定的主墙面，在家人齐聚一堂，欢度时光的同时，也享受着窗外的多重山水，天光隐入云影之间，景色与笑语相偕相伴，体现了人文与自然完美交融的细致考虑。

利用镜面与金属质感材料，营造出堂皇明亮的感觉，衬托室内的简单色彩，同时增加了视觉深度与广度。例如餐厅墙面使用酸洗镜面，图腾与壁纸元素浑然一体的韵味，仿若玻璃化壁纸，呈现若有似无的神秘感，同时突显材料的创意机能；客厅与餐厅之分界，使用石材与不锈钢的结合，曲折的金属花样一路延展，直入深邃的走廊，既区分了空间，也延伸了空间；客厅的古典柱饰，两旁设置大片镜面，通过反射手法，可在镜中看见完整的柱子，展现现代手法的诙谐趣味。

以多元风格的视觉效果，与极富新意的空间规划，使业主与访客同感惊艳。

东方蒙太奇

Oriental Montage

项目名称：东方蒙太奇 / 项目地点：中国成都 / 主案设计：张清平 / 设计公司：天坊室内计划有限公司
项目面积：490平方米 / 主要材料：大理石，镀钛板，不锈钢，黑铁粉体烤漆，金银漆，贝格漆，黑檀木皮钢烤，
花梨木皮钢烤，柚木实木冲砂板，橡木染黑，贝壳壁纸，灰镜，茶镜，木地板，竹地板

■ 解构东方文化的精粹，并将西方设计ArtDeco的美学中国
化，带来新的感动与新的希望
■ 追求极端的舒适、豪华并展现与众不同的设计理念和表现
形式，展现"顶级平面别墅"

　　顶级豪宅的设计，在满足功能上的需要外，更是作为主人体验优异文化氛围的媒介。优秀的设计者所创造的顶级豪宅空间，就像是一部优秀的文艺片，散发由内而外的足以传承的动人美学，当主人走在其中时，设计的精神与力量会从建筑与环境围绕着他延展开来，使每一个空间的体验者，都能领会到自己就是故事情节的一部分。

　　望今缘以东方蒙太奇设计手法打造，把坚持与创新都放在传统上，不只是创作出造型炫目的量体，融入在设计里，还有东、西方世界都熟悉的老灵魂。东方蒙太奇，在解构东方文化的精粹，将古代智慧现代化的同时，并将西方设计ArtDeco的美学中国化，以中西合并的形成，带来新的感动与新的希望。

　　豪宅是目前全球居住建筑的最高端类型，望今缘的样板房以"顶级平面化别墅"的格局，代表了一个国家或地区居住建筑开发、设计的最高水平，同时也反映出社会精英阶层的理想生活方式，创造其存在的重要性和必然性。

　　历史上国内外豪宅都屡见不鲜，如欧美等国名流显贵占地广阔的庄园城堡，北京王公贵族庭院重重的四合院，山西、安徽等地富商区气势磅礴的家族大院等。但当代国内豪宅就凤毛麟角了。

1. 主入口气派过厅

过厅廊道的设计，使望今缘的规划更像公共建筑般的气派，不仅与主体建筑的体量相呼应，更突出豪宅本身的无法一眼望穿的宏伟气派。过厅同时连接宴会厅与会客厅，将对外开放的区域巧妙结合，创造开放与私密自然分离的空间格局效果。

2. 硕大而精巧的会客厅

望今缘特设的与演奏厅、休憩区、品酒区相结合的会客厅，不仅是目前豪宅市场中体量最大、位置最显要的，更通过形体和室内空间的丰富变化来彰显尊贵的个性。在传统方形客厅在平面配置上，更将建筑的部分抹角收进，使会客厅外部造型、轮廓转折富有雕塑感，并形成数个不同的内部空间，活泼而有趣味性。会客厅旁有巨幅落地玻璃外墙，能揽进良好的景观视野，而户外景观通过窗户更在室内实墙上投下斑驳而生动的阴影。整体造型极富雕塑感，尤其是纯净透明的玻璃体，宛如阳光下熠熠生辉的水晶，产生与传统豪宅客厅风格迥异的效果。

3. 豪华主卧房配置

主卧房作为豪宅主人独享的私密性生活空间，是所有功能空间的重中之重。望今缘的做法是主卧房单独配备男女主人的更衣、洗浴空间，而且根据男女主人不同的使用要求，分别附设书房、大型化妆间。在套房的卧室、更衣、洗浴三大空间的比例分配上，与一般豪宅有明显的不同的大尺度区别。

4. 主客用房分区而设

主客人用房分离，使得尊贵性在望今缘中体现得更加充分，设计重点是最大程度地避免相互间的干扰。二者均有独立的动线和完善的配置。客房连接规模恢弘的会客空间和厨房等，形成一个与主体脱离的单元以保证其独立性。与主体部分的联系依靠过厅等过渡空间来达到，创造平面空间里迂回、进退、转折的丰富变化。

5. 流畅而复杂的人性化动线

平面布局严谨对称是望今缘最大的特点，依循动线星罗棋布着各种空间功能，房间量较多，导致其动线比普通住宅更为复杂，其中主人、客人分别从不同的动线进入活动。内部功能包括厨房、起居室、餐厅、早餐厅，各功能空间被纳入一个整体的秩序当中。空间在功能上依据使用需求而有所分化。动线的复杂化与完善的思考，满足了不同生活空间相互联系的便捷性和相对独立性，创造出非凡的尊贵感。

6. 设计及陈设的整体性及艺术性

望今缘是经艺术化归纳整理而量身定制的顶级豪宅，其外观形象、室内装饰设计、家具陈设等都经过缜密地整合设计。更在景观规划的诸多细节上注入艺术化、特色化的处理。

法式轻描
Modern French Style

项目名称：法式轻描 / 项目地点：湖北省武汉市南湖 / 主案设计：刘威 / 项目面积：240平方米
主要材料：手抓纹地板，天然石材砖，天然大理石

■ 风格上将传统法式与现代时尚元素相结合，呈现出"轻法式"的感觉
■ 手抓纹地板、天然石材砖等的应用，使这个空间感觉更加自然

本套住宅所针对的客户为高端客户群体，周边为大学城，考虑到客户需求，本项目为奢华、有文化品位的装修装饰风格。

在风格上为法式风格，但是考虑到传统法式风格过于繁复，与都市的时尚有些背道而驰，因此本作品在风格上将传统法式与现代时尚元素相结合。

在空间关系上注重家庭交流空间的营造，家庭厅、花园露台等等更加融合家庭气氛。材料选择上重视自然材料、手抓纹地板、天然石材砖以及天然大理石的应用，使这个空间感觉更加自然。

春去夏犹清

In Early Summer

项目名称：春去夏犹清 / 项目地点：福州泰禾红树林 / 主案设计：郑杨辉 / 设计公司：福州创意未来装饰设计有限公司
项目面积：180平方米 / 主要材料：方钢，浅灰色玻化砖，得高软木

■ 丰富的软装使人眼光缭乱，成为案例的亮点和重点
■ 消解欧式的庄重繁复，装点出清新的娇媚感

"深居俯夹城，春去夏犹清。天意怜幽草，人间重晚晴。"
这个案例把初夏的感觉表达得淋漓尽致。

　　建邦十六区是一个位于虹口的样板房项目，这个楼盘的交付是全装修房。当时在接手这套设计的时候，因为必须按照全装修房的标准来完成，所以软装饰成为了重中之重，如何在这不变的面积中产生万变的空间奇迹，这就是一个真正具备设计师水平的人要完成的课题，这套完成的作品带有一种妖媚的感觉。

弘
Grand

项目名称：弘 / 主案设计：马治群 / 设计公司：香港天工设计
项目面积：3000平方米

■ 华丽、气派、典雅、新颖，彰显尊贵、贴近自然
■ 动线清晰明了，动静分明
■ 撇开大众眼帘中清淡的色彩，以大理石、金箔、壁纸、镜面、黑檀为主系

　　本案为私家庄园，在20多亩地的空间面积里，覆盖了独栋别墅、会所、游泳池、高尔夫、网球等配套设施，在整体策划和市场定位上意在展现庄园的高贵庄严、恢弘大气。

　　本案采用古典欧式的设计手法，追求华丽、气派、典雅、新颖，彰显尊贵、贴近自然，符合主人的精神诉求与品位。风格上，沿袭古典欧式风格的主元素，融入现代生活要点。通过完美曲线、陈设塑造、精益求精的细节处理，透露空间的豪华大气。整个空间让人领悟到欧洲传统的历史痕迹与深厚的文化底蕴，同时又摒弃了过于复杂的肌理和装饰。

　　在功能布局上，动线清晰明了、动静分明。一层为动态空间，配备客厅、钢琴区、偏厅、咖啡厅、茶室、书房、中西餐厅、中西厨房。二三层均为静态空间，主卧均附带休息厅、书房、更衣间、洗手间；客房附带独立的休息厅和洗手间。

　　在材质运用上，结合了业主的喜好，撇开了在大众眼帘中清淡的色彩，主要以大理石、金箔、壁纸、镜面、黑檀为主系。

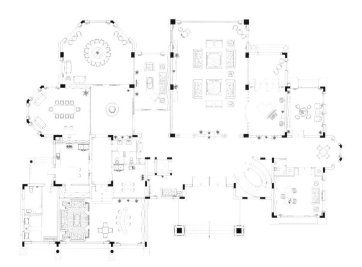

一层平面图

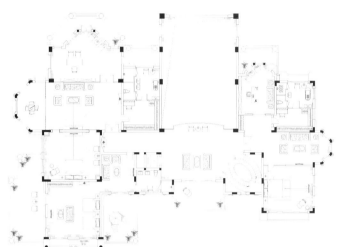

二层平面图

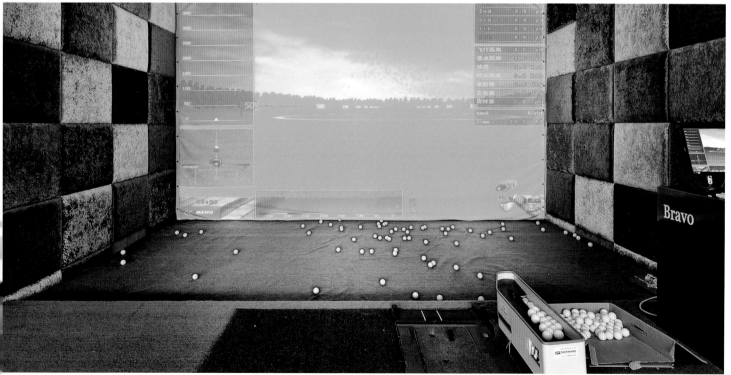

净心莲之境
White Lotus

项目名称：净心莲之境 / 项目地点：南京 / 主案设计：郑林宪政 / 项目面积：110平方米
主要材料：古典米黄大理石，枫桦木地板，壁纸，表布

■ 白色为主调，展现清净的莲花圣境
■ 墨绿色为点缀，与白色主调相映成趣

以白色为设计主调，客厅电视背景与书房的联系空间得以充分发挥。
书房与过道的分隔造型墙以及过道对景更是相得益彰。主卧的绿
丝绒床背靠与主体素雅的白莲风格装点相映成趣。

素雅余韵
Elegant

项目名称：素雅余韵 / 主案设计：叶飞 / 设计公司：GFD杭州设计事务所

- 新古典的典型之作，摒弃繁复，现代感强
- 强调细节和质感，追求余韵恒久的雅致之美

这套欣盛东方福邸，是获09全国十大豪宅之一的东方润园的开发商欣盛房产，于杭州大城西板块的又一力作，于2011房产调控年内又荣登该板块销售榜首。

500平方米空间内，摒除传统古典的繁复表面装饰，结合现代风格的清淡素朴，强调高贵内涵和细节质感，追求余韵恒久的雅致之美。

叶雨素调
Leaves and Rains

■ 雅灰色、灰白色、驼色、深咖色进行搭配设计，营造素调古典的时尚，利落的气质

■ 绿植的摆放和点缀增强了空间的生命力，使人仿佛置身雨林

　　素调古典主义的设计风格是简约的新古典主义风格；色彩处理为灰色素调，形式元素采用在新古典风格的典型元素简化处理；形态简约而不失豪华。

　　保留了法式新古典装饰中的线条运用，在线条的处理中又精简了繁复的装饰，取其严谨的比例关系，塑造优美、典雅的空间。

　　室内空间设计思路

　　此户型在空间设计中尽可能的将空间视觉敞开、删减，归纳户型中出现的小空间分割，在保留原建筑功能的同时，删去丰富的形体结构造型及附属功能区域，提升出业主生活细节及品味，空间的展示紧紧地贴服了户型风格主题。

　　室内材料与色彩运用

　　在材料的运用中主要选择米白色、白色、灰色石材和雅灰色地毯为地面材料。墙面材料多采用柱式素色壁纸、素色蛋壳彩涂料和白色墙板。色彩上选择雅灰色、灰白色、驼色、深咖色进行搭配设计，来营造素调古典的时尚、利落的气质。

海珀日晖

Amber

项目名称：海珀日晖 / 项目地点：卢湾区龙华东路886号 / 主案设计：黄全，赵侠
设计公司：集艾室内设计（上海）有限公司 / 项目面积：265平方米

- 艺术感与生活感的完美结合
- 塑造出新古典风格的独特样貌
- 灯光与软装的搭配，形成如琥珀、如黄昏的视觉暖意

　　作为一个高端住宅的样板房，设计宗旨是塑造一个艺术与生活完美融合的住宅空间形象，整体选用新古典的风格来诠释。

　　力求整体空间宽敞明亮，细节处理完美，大理石肌理与木饰面上的天然线条简洁、流畅、富有韵律。家具现代的造型中不失古典气质，饰品上的选择与摆放也使整个空间流露出一种淡雅、精致的生活品味。

清雅华尔兹

Elegant Waltz

项目名称：清雅华尔兹 / 主案设计：孙长健 / 项目面积：296平方米

■ 空间改造，形成一个带花园的宽大明亮的大餐厅

■ 开敞式的书房设计，让二楼与一楼相互呼应，加大空间的
  视野，增强二楼的采光与通风效果

　　本套案例最大的亮点在于它的平面布局设计,这是一套前后带花园的叠拼别墅,原本一面的花园在卫生间及保姆间的外面,这样的结构让这一面的花园丧失了它本该有的魅力与光彩。于是设计师在平面设计上做了大幅地调整,把原本的卫生间与保姆间移开,将这块面对花园的最佳位置腾给了餐厅,做成一个带花园的宽大明亮的大餐厅。同时将厨房的外阳台外包,整和成一个大厨房。

　　原本二楼的两间卫生间相对较小,因此,设计师特意将起居室取消将主卧设计成带更衣间的大套间,直接保留一个卫生间,并将其扩大,开敞式的书房设计,让二楼与一楼相互呼应,加大空间的视野,更增强了二楼的采光与通风效果。

岁月如歌
Years Like Song

项目名称：岁月如歌 / 项目地点：福州明阳天下 / 主案设计：胡建国 / 设计公司：福州华悦空间艺术机构
项目面积：300平方米 / 主要材料：实木地板，壁纸，大理石

■ 低调复古的简欧风格，追求浓郁欧陆风情
■ 不陷入追求形式感的复古，而是演绎出典雅的时光感

　　悠长的岁月可以带走很多，却也留下了许多值得回忆的东西。本案为低调复古简欧风格，追求在时尚生活下，浓郁欧陆风情，在优雅中感受音符的律动，在平静中演绎岁月的痕迹。

　　设计师在设计这个方案时考虑了很多，希望这个作品既不流于表面的奢华，也不陷入追求形式感的复古，而是能够深具典雅美学底蕴，带有浓郁历史文化痕迹的案例，不仅要有良好视觉效果，更重要是要有和谐浪漫的心理触觉，并结合建筑本身空间特色，充分满足实用功能，营造出比例舒适、色调和谐的优雅空间。

圆舞之夜
Round Dance Night

项目名称：圆舞之夜 / 项目地点：福清云中花园 / 主案设计：胡建国 / 设计公司：福州华悦空间艺术机构
项目面积：600平方米 / 主要材料：实木地板，壁纸，大理石，镜面玻璃，铁艺，马赛克.

■ 将建筑的美和音乐的节奏形成通感
■ 在古典的元素上进行提炼升华，并刻意加入了时尚元素，
增添时尚感
■ 色彩层次分明，空间错落有序

　　曾经有人说过，建筑是凝固的音乐，它的力和美就像音乐的节奏和韵律，冲击着人们的心灵，带给人美的享受。

　　本案为时尚的新古典简欧装饰风格，旨在营造出高尚住宅空间特有的优雅内敛的气质与高雅舒适的氛围。

　　在设计程序上采取先确定家具风格及主导装饰元素，再进行细节设计，力求达到欧陆风情完美和谐的效果，在材料的运用上，采用天然大理石及主题艺术装饰玻璃等为主导元素，局布点缀铁艺装饰、实木、马赛克等，在古典的元素上进行提炼升华，并刻意加入了时尚元素，增添时尚感，色彩层次分明，空间错落有序，整体感觉和谐统一，营造出既带有浓郁欧陆风情又不落俗套的简欧情调。

再现英伦精致

Reappearance of the Exquisite British Life

项目名称：再现英伦精致 / 项目地点：中国安徽 / 主案设计：陈雯婧，王华 / 项目面积：700平方米
主要材料：非洲胡桃木、橡木地板、米色皮革

- 蓝、灰、绿富有艺术的配色处理赋予室内动态的韵律和美感
- 挑空的大堂及舒适的餐厅配以舒适的大尺寸美式家具及手工质感的小饰品，更显英伦品位

回归生活的最初点

本案试图用现代的设计手法阐释古典英伦，在原有传统英式住宅空间格局下，以蓝、灰、绿富有艺术的配色处理赋予室内动态的韵律和美感，挑空的大堂及舒适的餐厅配以舒适的大尺寸美式家具及手工质感的小饰品，更显品位。以红色为主色调的地下视听室，采用丝绒质地将整个空间烘托的更妖娆多姿。周边设有台球活动区域，让整个空间与主人更好的互动起来。

此处即是秀场

主卧室强调空间的层次与段落，作为主人的私密空间，主要以功能性和实用舒适为主导，软装搭配上用色统一，以温馨柔软的布艺来装点。主卧配套的更衣室，将奢华大气演绎到极致。不必巴黎，也不需前往米兰，此处即是最华贵的秀场。

阁楼塑造的梦想之城

设计师将空间赋予更多的生活化，我们将这个造梦的阁楼，设定成女主人的多种用途的心灵空间。女主人作为服装设计师，在这一亩天地中，尽情发挥自我灵感，在忙碌过后，内设SPA、美容、YOGA区域，更可带来放松心灵的无尽体验。

雍容之美

Grace of Beauty

项目名称：雍容之美 / 项目地点：新北市新庄区 / 主案设计：谭精忠 / 设计公司：动象国际室内装修有限公司
项目面积：307平方米 / 主要材料：喷漆，镀钛，铁件，钢刷木皮，壁布，碳化木地板，石材，夹纱玻璃，灰镜，皮革

■ 低调而洗练的古典语汇，搭配内敛质感的材质与沉稳优雅的色调，塑造空间的大器感

■ 精致的家、典藏的美酒、万中选一的艺术品，三者相互呼应，呈现空间的独特感与美学氛围

本案位于台湾新北市新庄区正都心精华地段，为拥有顶级地段、便利交通及完善生活机能的新建个案，是都会生活中理想的居住环境。整体空间运用低调而洗练的古典语汇，搭配内敛质感的材质与沉稳优雅的色调，塑造空间大器感。并以私人招待所的概念为出发点，营造出迎宾宴客的情境氛围，辅以艺术品点缀空间的独特性，缔造富有艺术人文的雍雅居所。

1. 玄关

玄关以钢刷木皮搭配深色皮革的壁板造型，并在天花板运用相同的设计语汇，一致性的空间使人心灵沉淀，展开进入样品屋的序曲。空间以深色调来营造神秘感并辅以镀钛金属来做点缀，透过质材的折射平衡了较浓重的色调，并置放当代艺术画作，让玄关弥漫内敛质感的视觉氛围。壁板造型与收纳空间结合，柜内另藏有兼具衣帽与鞋子的收纳功能的空间，也具备了绝对的实用性。

2. 客厅 / 餐厅 / 轻食厨房

由玄关进入客、餐厅区，映入眼帘的是结合客厅与餐厅的开放式空间，宽敞的空间展现出百坪豪宅的气度，以低调洗练的钢刷木皮壁板语汇来贯穿整个空间，另在造型斗框、红酒展示柜上不仅延续原有的设计手法，也加入皮革、铁件及镀钛金属来作细节上的处理，铺陈空间的质感与层次，呈现大器雍雅的气势；客厅主墙以洞石来衬托当代艺术家曾雍甯的画作"原生的律动"，创造出独有的视觉韵味；整体空间营造成私人会所宴客的情境，并以精致的家私、典藏的美酒、万中选一的艺术品三者相互呼应，来呈现空间的独特感与美学氛围，进而传达内敛沉稳却值得细品的生活态度。

开放式的轻食厨房更开拓了客餐厅的空间尺度，在视觉上也延续客餐厅的设计语汇，除了有岛台维持

轻食厨房的机能外，另也规划艺术杯盘展示空间，在夹纱玻璃与铁件的衬托下让展示品更显出其特有性，不仅让轻食厨房与餐厅融为一体，也让轻食厨房丰富了整体空间的氛围。

在重食厨房部分，天花板照明设计也以夹纱玻璃材质规划，渗漏出柔和的灯光，并搭配齐全的料理设备，恰如其分的展现其机能。

3. 主卧室／主浴室

主卧室的设计以舒适且大器的基调来呈现，在重点墙面皆以壁布及皮革为基底并在重点处运用铁件切割图腾内透柔和的灯光，呈现出主卧室的雅致与独特。另外在衣物收纳柜方面，除了运用钢刷木皮还搭配皮革与灰境，不同材质的运用提升了精致度；而夹纱玻璃门片则呈现半透明质感并辅以柔和的灯光，营造出别于一般衣柜的视觉韵味。柜内实用贴心的的收纳机能，反映出优雅的生活模式。

主浴室以石材演译高质感的空间并搭配顶级的卫浴设备，双台面水槽与梳妆台完整整合，宛如置身高级饭店，并置放当代艺术画作来衬托空间质感；另外，在享受泡澡的当下，伴随落地窗辽望开阔视野，也让晨曦之光引入到室内，让身心同时充分地放松与享受。

4. 卧房A / 更衣室

　　卧房A为沉稳、雅致、舒适的空间调性，整体空间以喷漆线板搭配壁布来呈现，并搭配深色钢刷木皮与铁件方管的运用，在细致的壁布与刚烈的金属间产生另一种美学感受。

　　更衣室除了收纳基本的衣物外，另也规划可置放棉被的空间。轻玻璃的台面下即是不同大小的绒布格，手表手饰分门别类的收纳也可当作展示的一部分，实用贴心的收纳机能如精品专柜般的品味，反映出优雅的生活模式。

5. 卧房B

　　卧房B则为较清亮的空间感，除了延续喷漆线板搭配壁布的调性外，在主墙面也运用大量的绷布并在细节上以皮革来处理，使得空间更多了一份舒适性。在重点墙面以当代艺术画作来点缀，呈现此空间专属的个性。

丝绒

Velvet

项目名称：丝绒 / 项目地点：成都市新都区 / 设计公司：北京空间易想艺术设计有限公司
项目面积：2B户型595平方米、3C户型460平方米 / 主要材料：石材，壁纸，木，砖，皮革

- 艺术气息的花纹及市角线装饰
- 奢华贵气源于丝绒和皮草的完美组合
- 灰绿色、米色和银色的布艺及金属陈设品，植物搭配……

　　楼盘地理环境依山傍水，风景极佳，项目最大程度地保留了五龙山的原生森林，是距离城市最近的能独享山、水、森林的山居别墅。基于建筑为现代法式风格，我们将本户型的室内部分定位为法式浪漫主义。法国在多数人们心中是浪漫时尚的代名词，充满着浪漫风情的法式装饰风格更是雍容华贵、优雅而内敛，本案处处体现出法国古典宫廷的奢华，充满了贵族气息与浪漫情怀。

色彩与材质搭配

　　整体的色调以灰绿色和银色作为主线贯穿整体，并恰到好处的辅以白色衬托整洁清爽。色彩搭配协调统一，让室内空间沉浸在一种既富于变化又统一协调的自然过渡中，突出体现时尚前卫与奢华雍容。

　　在材质上采用大量具有艺术气息的花纹及木角线装饰。更在细节处使用精致的蕾丝饰边，使空间富于灵动。精致的细节，严谨的风格定位，突破传统的搭配手法，彰显业主的生活品位。儒雅富丽，带有浓烈的古典法式色彩，奢华贵气源于丝绒和皮草的完美组合，灰绿色、米色和银色的布艺及金属陈设品、真皮沙发面料都令整个环境散发出华美的大家风范。

　　分区说明

　　别墅分为上中下三层，功能划分和常见的别墅无太大的差别。一层是客厅、厨房和老人房。二层为起居室和卧室。地下一层为收藏室及品酒室。门厅及玄关处随处可见的欧式脚线与木雕花，体现了法式的浪漫。进入客厅，4米多的挑高空间，淡绿色的壁纸，古典的法式家具，巨型的水晶吊灯，这一切都将法式风格的浪漫与奢华表现的一览无余。

布局奢侈的早餐厅及厨房，面积等同客厅。古色的欧式橱柜，从门板的脚线到进口的厨房电器，处处体现项目的高端品质。二层电梯出口处的公共空间布置着花艺金属栏杆，栏杆上卷草的细节洋溢着浪漫的法式风情，与主人热爱植物热爱生命的态度息息相关。大型水晶灯悬挂于通透到一层玄关的挑空空间中。从手扶栏杆向一层玄关望去，时尚、奢华的石材拼花完整地展现在眼前。

主卧室层叠的床幔，复古的窗帘以及丰富的床上饰品，搭配了色调统一的装饰花边及蕾丝。壁炉前摆放两把单椅，床前的陈设柜及床头柜也都选择同种风格雕花纹饰，丰富了细节并兼具实用功能。收藏室作为B1层的重点装饰空间，主要突出中西文化的碰撞，用中国古典的元素打造一个复古经典的收藏空间。其中正对门口的大型罗汉榻用以突出空间主题，主墙面悬挂着欧式贵族人物画像——THE BLUE BOY，辅以局部点缀的中式古典饰品，更增强了中西文化地碰撞。

随着灯光移动，一场后古典的盛宴拉开了序幕。优雅、轻盈、极具个性的现代法式风格设计，让古典与艺术完美交融，宾客在光影的环绕中，用心感受古典与现代气息的结合，体验后古典带来的全新感受。

波尔多酒庄

Bordeaux

项目名称：波尔多酒庄 / 项目地点：大连市 / 主案设计：吴滨 / 项目面积：850平方米

■ 每个空间都成为这套居所的有机组合，就如品尝不同时期的"波尔多"红酒

■ 让经典与时尚，在同一空间自然地交汇

■ 局部空间以红色为主调，辅以欧洲古典巴洛克印花壁布

　　大连海昌的波尔多庄园以"雍容、浪漫、纯粹"的法式生活模式为主题，极力倡导"生态、康体、休闲、度假、异域风情"的生活理念，并结合东方人的生活观，将儒家文化充分的融入其中。生活正如"波尔多"的红酒那般，在混合多种元素后，却变得更为的甘醇，清香怡人。

　　项目以当地最佳生态、旅游资源为背景，开发以高尔夫运动、康体养生、生态体验和红酒文化等于一体的精品休闲度假区。而在环境风格设计上，设计师以"流动的艺术"为灵感切入，法式浪漫主义结合新古典艺术风情，让每个空间都成为这套居所的有机组合。品析其中，就如品尝不同时期的"波尔多"红酒。在搭配不同装饰艺术手法下，体现多种滋味与风情的艺术魅力。

　　建筑上为纯法式庄园建筑，室内设计以生活舒适安逸，尊贵优雅为主线，让经典于时尚在同一空间自然地交汇，以现代、抽象手法重新解析法国艺术的装饰细节，又渗入东方人儒家含蓄内敛的生活主张。红色的热情，灰色的睿智，这种中西文化在同一空间的交互，让设计不仅是视觉的盛宴，更展现出艺术的张力与内涵的深度。这让空间成为品岑多元文化艺术的五感互动。

设计上，局部空间以红色为主调，辅以欧洲古典巴洛克印花壁布，犹如波尔多的赤霞珠，从天花到四周，再从家具到饰品，层叠起伏激荡着视觉的热情，引发探索的渴望。主要空间以中性色调保持典雅和谐，层叠的线条与精艺细致的手工雕花相互运用，让视觉层次分明，错落有致，融为一体。晶莹剔透的水晶灯，华贵的窗幔，法国宫廷装饰吊顶，这些都无处不体现着优雅奢华的精致生活。

这种以西式艺术为题材，以东方文化为内涵的新古典艺术表现手法，探索出了当代人们对新古典艺术的全新装饰理念与创意表现。成为如今新古典风格的新案例坐标。

灵昆别墅

Ling Kun Villa

项目名称：灵昆别墅 / 项目地点：灵昆岛 / 主案设计：俞建荣 / 项目面积：600平方米

- 采用大宅的中轴线对称设计手法
- 空间分布上功能明确，动静分明

　　属私家民房自建性项目，对小型私人别墅能提供些参考。别墅外观采用花岗岩湿贴，整体性强，耐久，与园区的景观融为一体。

　　采用大宅的中轴线对称设计手法。空间分布上功能明确，动静分明。以楼梯的为主轴动线，贯穿始终。

　　一楼、二楼公共区域的地面和墙面采用莎安娜大理石。卫生间、阳台采用廉价但质优的仿古砖拼花铺贴。房间采用实木地板。

　　无论是作品的外观还是室内装修，在当地被争相效仿，赢得良好的口碑。

嗳嗳内含光
Warm Light

项目名称：嗳嗳内含光 / 项目地点：杭州市余杭区 / 主案设计：温帅 / 项目面积：350平方米

- 空间的处理以人为本，动静更加分明
- 从环保角度出发，采用乳胶漆及墙纸等
- 针对年龄偏大的客户群体，稳重、温馨不失端庄

在古典与欧式设计中，当大家把硬装做得非常复杂的时候，我们在追求把硬装做减法，在软装方面做更多的加法，追求西班牙元素与古典完美的结合。

在空间的处理上更多地以人为本，动静更加分明。

从环保角度出发，我们没有用过多的大理石等造价过高的材料，而采用乳胶漆及墙纸等。主要针对年龄偏大的客户群体，要求稳重温馨的同时不失奢华端庄。

时尚律动
Fashion Rhythm

项目名称：时尚律动 / 项目地点：中国苏州 / 主案设计：袁盛梅，苏英 / 设计公司：上海乐尚装饰设计工程有限公司
项目面积：398平方米 / 主要材料：胡桃木染色饰面，米白色聚酯漆表面，黑色花理石，迪克米黄理石，玫瑰金属，几何条纹壁纸

■ 大胆的设计理念，让线条呈现前卫感
■ 皮质、金箔、黑檀高光漆表面与硬装一起组成的金属线条嵌入家具
■ 中厅空间利用价值很少，用吊灯体现大户的奢华氛围

　　本案空间开阔，装饰精简，特色在于大量的使用皮革材质和精密平整的度洛金属。大胆的设计理念，让线条呈现前卫感。米色、灰色等中性色彩充斥其中，再加入温暖的主色系。

　　一层平面功能介绍：门厅、客厅、餐厅、厨房及卫生间。

　　硬装细节，墙面为迪克米黄理石、欧洲茶镜、玫瑰金属及灰色鳄鱼皮，在门厅和客厅采用了一种艺术手法处理的空间主景，主景材质则由黑金花理石及嵌入了玫瑰的金线条，地面由墙面的迪克米黄加入了浅咖色的理石拼成了硬朗的直线条，硬装由这几点充分体现出男主人的家庭尊贵、奢华、又不失家庭温馨的氛围，金色由其在这套户型中起了重点点缀的作用。天花顶面采用了极软装，家具品质多采用皮质、金箔、黑檀高光漆的表面搭配硬装一起组成金属线条嵌入家具，形成呼应。小饰品则已豹纹皮革表面或以毛皮形式为主，牛角台进行点缀。软装也分别由这几点充分说明这个家庭的豪华及尊贵。

　　餐厅，墙面以米色皮革嵌入金属条进行装饰，天花和地面都同采用客厅的相同手法进行装饰。在中厅大型的椭圆型吊顶和水晶吊灯及奢华的水刀切割理石地面中，硬装的奢华体现得淋漓尽致。

　　一层平面功能介绍：原来土建格局为1个卧室及一个卫生间。其他有2个挑空的空间及开放的空间。

　　无论是信步走上二层还是由电梯进入二层，映入眼帘的是家庭房，这个空间更多的是展示的是天伦之乐，祖父母及孩子们围绕膝下，家庭欢乐的场面。软装配饰则采用几种不同的座椅，以符合这个个大的空间。

　　楼梯的左手边为男孩房，硬装主色系用蓝色及白色组成，墙面挂满了偶像及唱片装饰。楼梯的右手边为尊亲房，房间开间不大，但是一张双人床和2个床头柜是卓卓有余，在此又增加了一组沙发区，供父母聊天休闲。阳台上可以用来闲来之余种植花草！让老年人的晚年生活丰富多彩。

三层平面功能介绍：原土建上入楼梯后也是一条长长的调空区域，其他是土建的主人卧室和一个卫生间。

主卧尽显了奢华及宽敞的空间，L形的主卧床背景，大面积几何图形状软包皮革，两侧以叠层施工手法对欧洲茶镜表面进行装饰。主卧及书房中间增加一隔墙，既将卧室和书房有机地联系起来，又有半封闭的书房功能。地面满铺地毯让主人踩在上面尽显舒服的感觉。

软装上延续了一层客厅的豪华程度，也采用了皮质、金箔、黑檀高光漆表面搭配硬装一起组成的金属线条嵌入家具。特别要介绍的是茶几，是由荷兰小奶牛皮毛做成的箱体表面，价格不菲。

四层平面功能介绍：原土建空间格局狭促，中厅为标准方形，而二端的小空间无论是格局还是高度上都是不满足使用功能的。

经过改造，三层的更衣间是专门为男主人使用的，而四层的阁楼打造的是女主人的天地。中厅是她的化妆区，两侧的柜体里多为应季的衣服和饰品，旁边为一个很大的首饰展台，收藏着女主人最爱的首饰及饰品。右侧的更衣区展示的是女主人的鞋子和包包，因为空间小，又没有自然采光，在硬装设计手法中，就采用了天花整面的光源及柜体的光源将这一空间照亮，除了这一手法，还采用了大面积的镜面，通过镜面的反射，将这个狭小的空间无限的扩大。

地面采用了大面积的小花纹豹纹，男主人的喜好及性格特点由硬装的理石及金属线条进行体现，而女主人的小豹纹地毯也以她的喜好及性格进行抒发展现。

地下室平面功能介绍：原有地下室功能是一个大的多功能区，附属的是卫生间、洗衣间及储藏室。

经过设计改造及家庭成员的喜好，主空间设置了酒吧，开放式影音区，和一个单独储藏的酒架。

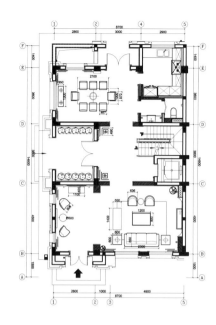

一层平面图

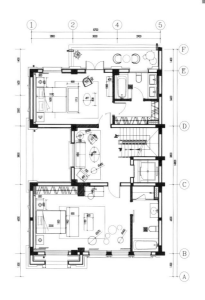

一层平面图

轻人文古典
Classical Humanities

项目名称：轻人文古典 / 项目地点：台湾台北市 / 主案设计：蔡媛怡、张祥镐 / 设计公司：伊太空间设计有限公司 / 项目面积：500平方米

■ 退去流行的语汇，将其朴直的内涵毫不保留释放
■ 以轻古典意象安排休憩机能，让居住者弹性选用空间
■ 梳妆区与卧眠区域形成缓冲地带，仿制酒店设计

退去流行的语汇，将其朴直的内涵，经由设计，毫不保留释放出来，与空间同感、与设计同调。

在轻人文古典调性的安排厅区氛围意趣，七米挑高高度的气势、拉高窗线的长窗设计，替空间擘画开阔舒适的张力。其中贯穿二、三楼楼板的垂直墙面，系设计师与当代艺术家跨界合作下的元素，后现代的手感创意表现，利用斑驳衍生旧表情，结合新的媒材元素，揉进淡雅素简的背景当中，为动线添入了视觉游赏的感受，成为视觉的焦点意趣。新古典样式的家具、艺术品的呈现，让整体氛围展现出融混的特色。为厅区设定了温暖又亲切的情调。

个案座落于新店市郊，环伺蓊郁绿意的环境，在一至六楼的规划里，把"度假、休闲、聚会"的概念植入设计元素当中，一楼以会所式的创意进行规划，二至六楼则以轻古典意象安排休憩机能，让居住者能视不同活动需求弹性选用空间。

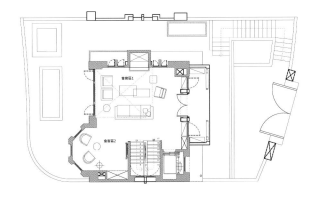

一层平面图

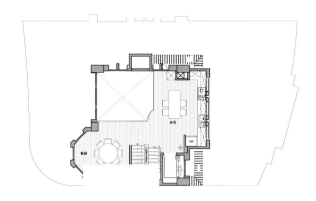

一层平面图

主卧空间利用清玻、实木线条围塑格状的介质表情，与楼梯界定，引导光线、视角的延伸。进入主卫浴空间前，利用梳妆区与卧眠区域形成缓冲地带，仿制饭店式的设备，积极表现出空间的典雅与适意。此案规划上，主要在于整合建筑室内外空间，并赋予其全新的空间会所式的概念与立面表情。

融入建筑大师莱特所主张的"与自然和谐共存"的概念成为设计创意中的准则，从内容概念、结构量体、挑高形式的表现，融入都会城市的流动秩序与山林悠闲地舒适快意，让室内与户外景致相互融合、渗透，创造空间张力，更引导居住者进入与自然共生的悠缓状态。

惬意小资情调
Petty Bourgeois

项目名称：惬意小资情调 / 项目地点：云南昆明 / 主案设计：段其艳
项目面积：130平方米 / 主要材料：隆森橱柜，班尔奇衣柜，大欧地板，艾尼得墙纸，尚高洁具，金意陶砖

■ 中端品味人士的轻松舒适居家环境
■ 整体设计风格以米色调为主，制造优雅、惬意
■ 温馨而不失华丽，细节决定品位

为中端品味人士打造轻松舒适的居家环境。整体设计风格以米色调为主，营造低调奢华的私人空间。

空间布局以业主生活习惯为起点，制造一份优雅、惬意及舒适的环境，用雅致的色调贯穿整个空间，追求一份小资生活。

被洗礼过的新贵，温馨而不失华丽。细节决定生活品味。

上虞严公馆

Yan's Mansion

项目名称：上虞严公馆 / 项目地点：浙江绍兴市 / 主案设计：董元军 / 项目面积：2500平方米

- 错落有致的下沉式庭院
- 中式四合院特点的室外环境与室内欧式的奢华相得益彰
- 注重地下室的潮气等现实问题，选用防腐市、砂岩等材料

地处市中心，却闹中取静，仿佛置身于山野别墅中。作品为那些在繁华都市生活的人们就近找到了一个休闲、会客、安居的场所，在纷繁嘈杂的社会环境中有一个心灵放松的地方。这个项目的创新点在于将外环境的整合作为室内空间设计的一个重点补充及亮点。

室内与室外景观有机结合，具有中式四合院特点的室外环境与室内欧式的奢华相得益彰。经过外环境改造的别墅紧紧围绕内庭院和外庭院的景观特点，利用南北通透的优势，开展平面布局。而四合院状的空间使整个别墅仿佛置身于一个美妙的家的氛围中。

而增加的一些错落有致的下沉式庭院既解决了地下室的采光、通风、排水问题，同时也使空间上显得错落有致，不是那么呆板平滑。

作品注重地下室的潮气等现实问题，在选材上多选用防腐木、砂岩等经济、耐用又与下沉式庭院的自然环境有机结合的材料，彰显奢华、稳重，并和四周环境结合得浑然天成。

野性碰撞
Feral Collision

项目名称：野性碰撞 / 项目地点：浙江杭州市 / 主案设计：孙洪涛 / 设计公司：浙江亚厦装饰股份有限公司 / 项目面积：350平方米

 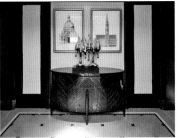  

■ 古典装饰氛围搭配现代的典雅灯具，宣泄出时尚感
■ 简洁的壁炉完美结合到整个空间当中
■ 方正而又带优美曲线的茶几和欧式花纹地毯形成视觉冲击

将古典融入到现代，简洁的图案造型加上现代的材质和工艺，古典的装饰氛围搭配现代的典雅灯具，宣泄出奢华的时尚感。简化的线条套框中带有独特的车边茶镜。

通过简洁大方的设计理念形成丰富多彩的空间节奏感。设计形式较为简洁的壁炉同样完美地结合到整个空间当中，它所体现的质感及浪漫的简洁之美，融合新古典与现代的技术手法，彰显其气质。

客厅内，造型简洁的浅色沙发与深色的墙面、方正而又带优美曲线的茶几和欧式花纹地毯形成视觉冲击，达到通过空间色彩以及形体变化的挖掘来调节空间视点的目的。

踏着灰木纹石地面你会发现整个客厅与餐厅都是由一些深浅灰白色调的方形或菱形图案组合搭配的，同时交织出空间的层次和趣味。

凝聚
Condensed

项目名称：凝聚 / 项目地点：台湾台北市 / 主案设计：江欣宜 / 设计公司：缤纷设计 / 项目面积：274平方米

■ 以沉稳低调大象灰为空间主色

■ 混搭现代家具与不锈钢铁件，创造时尚都会风格

■ 艺术品端景、玄关梨型装置艺术品，让视觉拥有不一样的吸睛点

设计师以"凝聚"的设计理念发想，让家人之间的亲情需要透过空间来做整合，作为一个情感互相羁绊的地方，让家永远都是最温暖的港口。

空间大胆用色，以沉稳低调大象灰为空间主色，混搭现代家具与不锈钢铁件，创造时尚都会风格。

在弧形建筑结构下，处处是畸零空间，又因拥有可眺望城市风景的优势，特别规划出泡澡空间，让客户沐浴在大自然中。

卫浴空间采用最新研发的防石材磁砖，环保性高又容易保养与维护。

廊道上设置艺术品端景，增添空间的人文氛围。玄关梨型装置艺术品，点缀着稳重色系为主的居家空间，让视觉拥有更多不一样的吸睛点。并透过整体平面规划，打破隔间造成的藩篱，客厅与餐厅、厨房的环绕动线，让所有欢乐笑声与回忆贯穿整个家。

纽约上城
Uptwon New York

项目名称：纽约上城 / 项目地点：台湾台北 / 主案设计：江欣宜
项目面积：211平方米 / 主要材料：客制大理石拼花，喷漆，进口家具，木地板，木皮，进口壁纸，茶镜，
灰镜，手工画框，古典线板，铁件，贝壳板，全室自动化控制系统

■ 以都会时尚的藤色为基调，打造纽约上城感的居住氛围
■ 实际面积不大的空间格局，引入国外开放式书房的概念
■ 时尚都会的色彩计划，混搭现代家具感的订制家具

　　豪宅住所需具备高舒适度、安全、低碳、绿能与高智慧科技家居的五大属性。此案拥有台北市未来良好发展潜力地区特性，搭配高科技舒适的生活机能规划，以专业设计能力，良好建筑施工法打造私密的舒适宅第。

　　因业主长年旅居纽约，设计师整间以都会时尚的藤色为基调，打造纽约上城感的居住氛围，并从海外运回的贯穿整体空间的艺术画作透露业主对Lifestye的向望。

　　在实际坪数不大的空间格局，引入国外开放式书房的概念，并在客厅、餐厅与书房间规划环绕动线，让主人在每个公共空间角落都可以照顾到客户并与此互动，这是豪宅主人不可忽视的重要需求之一。

　　建材选择，以线条简单但工法繁复的线板堆栈，时尚都会的色彩计划，混搭现代家具感的订制家具，再辅以良好的动线规划，从动线、色彩、材质细节整合，营造舒适精致的私密豪宅住所。

　　深受曾经旅外的客户喜欢，希望自己未来的家就是这样的氛围感受。

清新淡雅
Fresh and Elegant

项目名称：清新淡雅 / 项目地点：浙江温州市 / 主案设计：叶蕾蕾 / 设计公司：大树空间设计 / 项目面积：180平方米

■ 整体风格质朴但又不失活泼
■ 餐厅神清气爽，敞开式的内卫通透明亮
■ 实木做旧家具，环保耐用。

满足了业主质朴但又不失活泼的风格要求。欧式的整体气氛配搭其他风格的家具和设计，产生一种独特的空间感受。

从细节上来看，餐厅背景的设计让人神清气爽。半敞开式的内卫，通透明亮；独立双工作间，各自天地；实木做旧家具，环保耐用。

平面功能布置图图1:100

一层平面图